THE 24 SOLAR TERMS
FOR CHILDREN

给孩子的
二十四节气

爱华文 ◎ 著

夏

团结出版社

五一假期，吉祥跟着爸爸妈妈回乡下老家探望爷爷奶奶。天气和暖，处处风光无限。一直生活在城市的车水马龙中，来到农村的广阔天地，吉祥像出笼的小鸟，撒欢儿似的到处跑。

　　水光潋滟的农田里，人们正忙着插秧。吉祥很好奇，缠着爷爷问东问西。

　　"爷爷，咱们平常吃的大米，就是现在的秧苗长出来的吗？"

　　"对啊，俗话说：'多插立夏秧，谷子收满仓。'夏天马上到了，天气暖和了，小苗儿会长得越来越快。"

　　"那什么时候才是夏天呢？"

　　"一般来说咱们中国人，都以'四立'为准，把立春、立夏、立秋、立冬作为春、夏、秋、冬的开始。过了立夏，就说明夏天到了。"

立夏

二／十／四／节／气

满架蔷薇一院香

水晶帘动微风起

楼台倒影入池塘

绿树阴浓夏日长

《山亭夏日》·高骈

立夏，是农历二十四节气中的第七个，它从节气上标志着夏天的来临。《月令七十二候集解》中说："立，建始也，夏，假也，物至此时皆假大也。"这里的"假"，即"大"的意思，是说春天播种的植物到立夏时节，都已经直立长大了。

立夏是夏季的第一个节气，一般在每年农历四月，公历5月5日或6日，表示孟夏时节的正式开始。此时，在北方的夜空下观察，北斗星的斗柄开始偏指东南方向，所以古人说："斗指东南，维为立夏。"人们习惯上都把立夏当作是温度明显升高，炎暑将临，雷雨增多，农作物进入生长旺季的一个重要节气。

这个季节，在我国战国末年的时候就已经确立了，预示着季节的转换，为古时按农历划分四季之夏季开始的日子。据记载，在立夏的这一天，帝王要率文武百官到京城南郊去迎夏，举行迎夏仪式。君臣一律穿朱色礼服，配朱色玉佩，连马匹、车旗都要朱红色的，以表达对丰收的企求和美好的愿望。

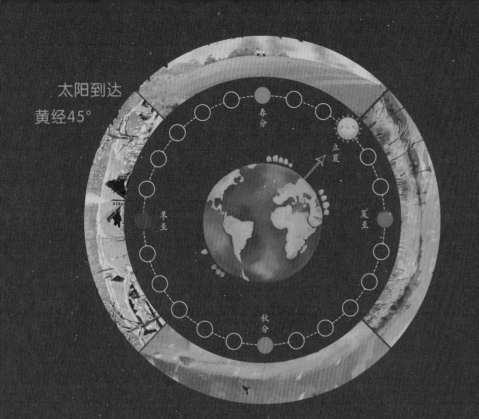

太阳到达
黄经45°

春分

立夏

冬至

夏至

秋分

　　在天文学上，立夏表示即将告别春天，是夏天的开始。立夏以后，我国江南地区正式进入雨季，雨量和雨日明显增多。

　　谚语说"立夏鹅毛住"，立夏之后，春风停刮，连鹅毛这样的轻扬之物都会静止不动，当然，这仅仅是黄河中下游地区的景况。长江中下游及以南地区，温度早就上升，这时候已经是一番夏日景象；而东北、西北地区，则还没有从寒冷中脱身出来。我国纬度跨度太大，造成南北的温度差异非常明显。夏天给人的印象，往往是热。但是在夏天伊始，立夏过后几天，除了我国南方有些地区会达到"绿树浓荫夏日长，楼台倒影入池塘"的意境之外，大部分地方还停留在春末，而东北和西北的一些地区刚刚进入春季。

一候 蝼蝈鸣

初候可以听到蝼蝈在田间的鸣叫声。蝼蝈也叫蝼蛄，它适宜生活在温暖潮湿的环境中，随着蝼蛄的鸣叫，表示夏天的味道渐渐浓了。

二候 蚯蚓出

二候时，大地上能看到蚯蚓从泥土中钻出来。蚯蚓生活在阴暗潮湿的土壤中，当阳气极盛的时候，蚯蚓也在阴处呆得不耐烦了，出来凑凑热闹。

三候 王瓜生

三候王瓜的蔓藤开始快速攀爬生长。王瓜是华北特产的药用爬藤植物，在立夏时节快速攀爬生长，到了六七月还会结出红色的果实。

立夏时节，万物繁茂。明人高濂《遵生八笺》一书中写有："孟夏之日，天地始交，万物并秀。"孟夏时节，草木成长，五月花开。植物争先恐后茂密成长，在这段时节最为旺盛。很多地方槐花开了，清香弥漫。"槐林五月漾琼花，郁郁芬芳醉万家。春水碧波飘落处，浮香一路到天涯。"槐树普遍栽培在北方的黄土高原和华北平原，一般每年4至5月开花，花期在10至15天左右，到立夏时，最为繁盛。每到花期来临时，一串串洁白的槐花缀满树枝，空气中弥漫着淡淡素雅的清香，随着轻风滑落在春水碧波间，一路带着浮香飘过。

"景阑昼永，渐入清和气序。榆钱飘满闲阶，莲叶嫩生翠沼。"榆钱是榆树的种子，因其外形圆薄如钱币，故而得名，又由于它是"余钱"的谐音，因而就有吃了榆钱可有"余钱"的说法。春末夏初，金黄的榆钱一串串地缀满了枝头，聪慧的人们自古便知道珍惜自然的馈赠，趁鲜嫩采摘下来，做成各种美味佳肴。

"麦拔节，蛾子来；麦怀胎，虫出来。""小麦开花虫长大。"天和暖，虫类也蠢蠢欲动。不光有蝼蛄、蚯蚓，在冬小麦的种植地区，人们能发现立夏过后虫类的活动明显增多。温度上升给予了小动物们活动的热情，各种飞虫、蝶类纷纷出现。

这个时节，青蛙开始聒噪着夏日的来临，乡间田埂上的野菜也都彼此争相出土日日攀长。清晨，人们迎着初夏的霞光，漫步于乡村田野时，会从这温和的阳光中感受到大自然的温情。

　　人们习惯上都把立夏当作是温度明显升高、炎暑将临、雷雨增多、农作物进入旺季生长的一个重要节气。立夏前后，正是大江南北早稻插秧的火红季节。"能插满月秧，不莳满月草。" 这时气温仍较低，栽秧后要立即加强管理，早追肥，早耘田，早治病虫，促进早发。

　　连绵的阴雨有时候会导致作物的湿害，引发霉烂，还可能造成多种病害的流行。这个时候，冬小麦扬花灌浆，油菜接近成熟。夏收作物也进入了生长后期。

民间习俗

迎夏

周代在立夏这一天，天子要率三公九卿和众大夫，到城南郊外迎夏，并举行祭祀赤帝祝融的仪式。汉代也沿承这个习俗，《后汉书·祭祀志》中记载："立夏之日迎夏，于南郊，祭赤帝祝融，车旗服饰皆赤。"祝融是三皇五帝时夏官火正的官名，后人称他为赤帝，敬作火神，所以在立夏时要挂着红色的车旗，穿着红色的衣裳去祭祀他。宫廷里还有"立夏日启冰，赐文武大臣"的礼仪。冰是上年冬天时贮藏的，由皇帝在立夏这天赐给百官，用来在炎热的天气里消夏解暑。

饮食

江浙一带有立夏吃花饭的习俗，也有叫"吃补食"的，有的地方立夏食笋，有的立夏喝酒，还有烹食嫩蚕豆的习俗。江西一带还有立夏饮茶的习俗，说不饮立夏茶，会一夏苦难熬，也有人会在这天喝冷饮来消暑。

江南一带，因为夏天气候炎热，人们因不冷不热的春光过去了，未免有惜春的伤感，所以准备酒食聚在一处，好像送人远去一样，为春天饯行，名为饯春。吴藕汀《立夏》诗说："无可奈何春去也，且将樱笋饯春归。"南方地区旧时各家还会在立夏日蒸新茶，并配以各种水果，馈赠亲戚邻居，也是个亲朋好友交往聚会的好日子。

吃蛋

"立夏吃蛋"的习俗由来已久。俗话说："立夏吃了蛋，热天不疰[zhù]夏。"相传从立夏这一天起，天气晴暖并渐渐炎热起来，许多人特别是小孩子会有身体疲劳、四肢无力的感觉，食欲减退逐渐消瘦，称之为"疰夏"。女娲娘娘告诉百姓，每年立夏之日，小孩子的胸前挂上煮熟的鸡、鸭、鹅蛋，可避免疰夏。民间习俗还有"立夏吃蛋，石头都踩烂"的说法，意思是说立夏时吃鸡蛋鸭蛋，可以增强体质，还能耐得住酷暑。因此，立夏节吃蛋的习俗一直延续到现在。

立夏日一般在农历的四月，"四月鸡蛋贱如菜"，正是鸡蛋产量高价格实惠的时节，人们把鸡蛋放入吃剩的"七家茶"中煮烧成了"茶叶蛋"。后来人们又改进煮烧方法，在"七家茶"中添入茴香、肉卤、桂皮、姜末等，从此，茶叶蛋不再是立夏的节候食品，而成为我国传统小吃之一。

称人

民间在每个季节的开始，都有给人称体重的习俗，这也侧面看到古人在季节变换时，对于身体健康的重视。人们在村口或院子里挂起一杆大木秤，秤钩悬一根凳子，大家轮流坐到凳子上面秤人。司秤人一面打秤花，一面讲着吉利话。秤老人要说："秤花八十七，活到九十一。"以期许老人们健康长寿。秤姑娘就说："一百零五斤，员外人家找上门。勿肯勿肯偏勿肯，状元公子有缘分。"，以此祝愿姑娘们都能有满意的姻缘。秤小孩时则说："秤花一打二十三，小官人长大会出山。七品县官勿犯难，三公九卿也好攀。"以此祝福孩子们的锦绣前程。

节气民谚

立夏看夏。

立夏吃鸡蛋，石头能踩烂。

立夏三天遍地锄。

立夏胸挂蛋，孩子不疰夏。

吃了立夏羹，麻石踩成坑，
立夏吃个团，一脚跨过河。

立夏天气凉，麦子收得强。

山亭夏日

（唐）高骈

绿树阴浓夏日长，楼台倒影入池塘。

水晶帘动微风起，满架蔷薇一院香。

赏析

这首诗洋溢着夏日特有的生机。"绿树阴浓"，不但写出了树之繁茂，且又暗示此时正是夏日午时前后，烈日炎炎，日烈，"树阴"才能"浓"。这"浓"除有树阴特别之意外，尚有深浅之"深"意在内。"楼台倒影入池塘"，写诗人看到池塘内的楼台倒影。夏日午时，晴空骄阳，一片寂静，池水清澈见底，映在塘中的楼台倒影，当属十分清晰。这个"入"字就正好写出了此时楼台倒影的真实情景。"水晶帘动微风起"是诗中最含蓄精巧的一句。烈日照耀下的池水，晶莹透澈；微风吹来，水光潋滟，碧波粼粼。诗人用"水晶帘动"来比喻这一景象，美妙而逼真，整个水面犹如一挂水晶做成的帘子，被风吹得泛起微波，在荡漾着的水波下则是随之晃动的楼台倒影，非常美妙。正当诗人陶醉于这夏日美景的时候，忽然看到了蔷薇，十分漂亮，不禁精神为之一振。诗的最后一句"满架蔷薇一院香"，又为那幽静的景致，增添了鲜艳的色彩和浓郁的芬芳。

立夏

（南宋）陆游

赤帜插城扉，东君整驾归。

泥新巢燕闹，花尽蜜蜂稀。

槐柳阴初密，帘栊暑尚微。

日斜汤沐罢，熟练试单衣。

赏析

　　这首诗是诗人在立夏这一天写的。"东君"指司春之神。太阳当空，火红的旗帜插在城门上，这时候，掌管春天的东君整装归去。春已尽，巢中的燕子在嬉笑打闹，有的花即将落尽，原来飞来飞去嗡嗡的蜜蜂少了许多。夏日刚刚降临人间，所以槐树、柳树底下的树荫还没有太过浓密，窗帘隔断了微微热起来的暑气。下午太阳西斜，诗人洗了个澡，舒舒服服地穿上了单衣。

　　整首诗的格调简单明快，如天气一般，带着初夏的热情，又没有盛夏的烦躁。天气晴暖，风和日丽，诗人对春的离去似乎有点不舍，但也欣然迎接夏日的来临。

天渐渐热了，人们的穿着从厚渐渐地过渡到薄，吉祥一家也早就穿上了短袖衫。在一片蛙鸣声中，吉祥又迎来了夏天的第二个节气——小满。

　　这时候中午温度已经很高了，只有早晨和傍晚稍微有点凉。妈妈给吉祥准备了件长袖，早晚添加。

　　吉祥看着日历上的"小满"两个字，问爸爸："'满'是'圆满'，那'小满'就是'小圆满'喽？中国人不是讲究大圆满吗，为什么这个节气只是小圆满呢？"

　　爸爸说："现在这个时候，夏天刚刚开始，还没到炎热的程度，正是'酷夏未至，春寒已远'。这时候农田里的麦子已经开始饱满，但是又没有全熟，所以叫做'小满'。"

　　吉祥似懂非懂地点了点头。

小

二／十／四／节／气

满

《山亭夏日》·高骈

绿树阴浓夏日长
楼台倒影入池塘
水晶帘动微风起
满架蔷薇一院香

　　小满，是二十四节气中的第八个节气，在每年5月20-22日之间。《月令七十二候集解》中说："四月中，小满者，物至于此小得盈满。"这个时候中国北方夏熟作物籽粒逐渐饱满，早稻开始结穗，在禾稻上刚刚看见小粒的谷实。小满就是指夏熟作物的籽粒开始灌浆饱满，但还未成熟。而且二十四节气中，只有小满而没有大满，满是全部充实，没有余地，到了一定的限度，就称之为满。小满体现了天地无为而充盈，万物无为而充实。如果大满，就物极必反了，这其中也有国人崇尚的"月满则亏，水满则溢"的韵味。

　　南方地区的农谚赋予小满新的寓意："小满不满，干断思坎"；"小满不满，芒种不管"。用"满"来形容雨水的盈缺，指出小满时田里如果蓄不满水，就可能造成田坎干裂，甚至芒种时也无法栽插水稻。因此这个时节的雨水量对于农民来说，是一个非常关心的问题。

　　四月小满是一年中阳气最旺的时节，同时也是最潮湿闷热的时节，这时万物生长最为繁茂，人体的新陈代谢也最旺盛。正因为如此，人体在小满时消耗的营养物质最多，所以需要及时补充，才能使身体、五脏六腑不至于有所伤耗。小满期间，天地的能量周期进入充盈丰满阶段，人体心火肾水的能量也进入勃发充实的阶段。自然界的雨水与阳光合发，促成了万物生机的蓄势待发，万物无为而治，进入能量基本充实而生机勃发的时期。

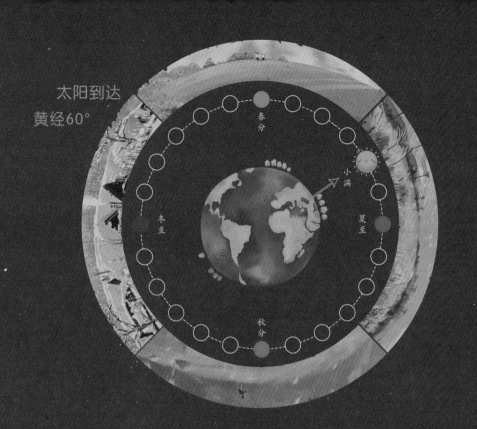

太阳到达
黄经60°

春分

小满

夏至

冬至

秋分

  从小满开始，全国各地渐次进入夏季，雨量越来越大，江河的水位也逐渐上涨。气象资料显示，小满以后，我国南方部分地区开始出现35℃的高温，天气逐步走向酷热，对长江中下游地区来说，如果这个阶段雨水偏少，意味着到了黄梅时节，降水可能就会偏少，正如民谚说"小满不下，黄梅偏少"，"小满无雨，芒种无水"。如果此时北方冷空气可以深入到我国长江以南地区，南方暖湿气流强盛的话，很容易在华南一带造成暴雨。因此，小满节气的后期往往是这些地区防汛的紧张阶段。从气候特征来看，小满时节中国大部分地区已相继进入夏季，南北温差进一步缩小，降水进一步增多，高温与多雨同时来临。

一候 苦菜秀

　　小满虽然预示着麦子将熟，但毕竟还处在一个青黄不接的阶段。"春风吹，苦菜长，荒滩野地是粮仓。"在古代，人们在这个时候往往以野菜充饥，苦菜是中国人最早食用的野菜之一。《周书》中写到："小满之日苦菜秀。"小满时正是苦菜长成、可以食用的时候。食苦菜在中国有着悠久的历史，苦菜的品种也多种多样。

二候 靡草死

　　靡草是指小而细的草。小草不耐烈日暴晒，于是在小满节气里枯萎而死，说明此时夏日烈焰的酷热。靡草本来是一种喜阴的植物，在小满节气，全国各地开始步入夏天，靡草死正是小满节气阳气日盛的标志。

三候 麦秋至

　　麦秋的秋字，指的是百谷成熟的时候。麦秋，指小麦成熟了。小麦一成熟，农民就要准备收获粮食了。因此，虽然时间还是夏季，但对于麦子来说，却到了成熟的"秋"，所以叫做麦秋至。

　　荷花："小荷才露尖尖角，早有蜻蜓立上头。"荷角挺立，荷叶舒展，荷花是夏天开的花。烈日骄阳下，朵朵绽放，暖风中清香阵阵，冲淡了燥热与潮湿。

　　石榴花："五月榴花照眼明，枝间时见子初成。可怜此地无车马，颠倒苍苔落绛英。"这是韩愈在《榴花》一诗中对石榴花的描述。如火似霞，耀眼夺目，有的花已结子，隐约枝头。苍苔斑驳，落英缤纷。浓绿万枝中几处红色，在骄阳下更增娇艳。

　　小满时，正是满园花开红艳艳的时节，北方人喜欢种的"一丈红"，教科书上称为"蜀葵"，开满了红色的花朵。黄瓜架上已经结了好多的小黄瓜钮子，茼蒿开花了，围墙边的夹竹桃已经开成了花墙，头茬的花最繁茂。隐约闻见白兰花的香气，栀子花也快开了，合欢花的花期来得迟，春天时哪怕花香满园，它也铁干黑枝，迟迟不动声色，直到此时夏天来临，它才展开无比美丽的叶子，开出那些童话般的小绒花。

农事活动

　　小满动三车，三车指的是水车、油车和丝车。因为"立夏小满正栽秧"，"秧奔小满谷奔秋"，小满正是适宜水稻栽插的季节。此时，农田里的庄稼需要充裕的水分，农民们忙着踏水车翻水；收割下来的油菜籽也等待着人们去舂打，做成清香四溢的菜籽油；田里的农活自然不能耽误。家里的蚕宝宝也要细心照料，小满前后，蚕要开始结茧了，养蚕人家忙着摇动丝车缫丝。《清嘉录》中记载："小满乍来，蚕妇煮茧，治车缫丝，昼夜操作。"可见，古时小满节气时新丝已行将上市，蚕农丝商满怀期望，等待着收获的日子。

　　在北方的小麦产区，由于小麦的籽粒逐渐饱满，夏收作物已接近成熟，春播作物生长旺盛，农民们进入夏收、夏种、夏管三夏大忙时期。俗话说"小麦不满，麦有一险"，这"一险"是指小麦在此时刚刚进入乳熟阶段，非常容易遭受干热风的侵害，导致小麦灌浆不足、粒籽干瘪，很容易影响到夏收的产量。防御干热风的方法很多，比如营造防护林带、喷洒化学药物等。"小满晓风故里行，时有布谷两三声。满坡麦苗盖地长，又是一年丰产景。"这首诗描写的正是"小满"节气最为明显的特征。

民间习俗

祭车神

祭车神是一些农村地区古老的小满习俗。小满这天天不亮，村子里就热闹了。人们打着火把，把水车一字排在河岸上，摆上鱼肉、香烛还有一碗白水，磕头拜祭。之后要把这碗里的水泼在自家的地里。在水车边上，人们吃着麦糕、麦饼，只等族长一声锣响，人们就如飞地踩动水车，整齐的号子，那声势好像一下子能掀翻天。水像一条条小白龙，从河里，经过水车，向各家的地里飞奔而去。

祭蚕

相传小满是蚕神诞辰日，因此江浙一带在小满期间有一个祈蚕节。我国农耕文化以"男耕女织"为典型，女织的原料北方以棉花为主，南方以蚕丝为主。蚕丝需要靠养蚕结茧抽丝而得，所以我国南方农村养蚕极为兴盛，尤其是江浙一带。

蚕是娇生惯养的"宠物"，需要细心加耐心。气温、湿度、桑叶的干湿等都影响蚕的生存。由于蚕难养，古代把蚕视作"天物"，如天神下凡般尊贵。为了祈求养蚕有个好收成，人们在四月放蚕时节举行祈蚕节。

吃苦菜

　　苦菜遍布全国，医学上叫它败酱草，宁夏人叫它"苦苦菜"，陕西人叫它"苦麻菜"，李时珍称它为"天香草"。苦苦菜苦中带涩，涩中带甜，新鲜爽口，清凉嫩香，营养丰富，含有人体所需要的多种维生素、矿物质、胆碱、糖类、核黄素等，具有清热、凉血和解毒的功能。医学上多用苦苦菜来治疗热症，古人还用它来醒酒。宁夏人喜欢把苦菜烫熟，冷淘凉拌，加上盐、醋、辣油或蒜泥，清爽辣香，吃馒头、就米饭，能使人食欲大增。也有人用黄米汤把苦苦菜腌成黄色，吃起来酸中带甜，脆嫩爽口。还有的人将苦苦菜用开水烫熟，挤出苦汁，用以做汤、做馅、热炒、煮面，各具风味。

小满小满，麦粒渐满。

小满小满，还得半月二十天。

小满不满，芒种开镰。

小满天天赶，芒种不容缓。

大麦不过小满，小麦不过芒种。

小满节气到，快把玉米套。

小满麦渐黄，夏至稻花香。

小满玉米芒种黍。

小满黍子芒种麻。

小满芝麻芒种豆，秋分种麦好时候。

小满桑葚黑，芒种小麦割。

小满有雨豌豆收，小满无雨豌豆丢

小满种棉花，光长柴禾架。

小满种棉花，有柴少疙瘩。

小满不见苗，庚桃无，伏桃少。

小满见新茧。

小满动三车，忙得不知他。

归田园四时乐春夏二首（其二）

（北宋）欧阳修

南风原头吹百草，草木丛深茅舍小。

麦穗初齐稚子娇，桑叶正肥蚕食饱。

老翁但喜岁年熟，馌妇安知时节好。

野棠梨密啼晚莺，海石榴红啭山鸟。

田家此乐知者谁？我独知之归不早。

乞身当及强健时，顾我蹉跎已衰老。

赏析

　　夏季的南风吹动了原野上的各种野草，在那草木丛深之处，可见到那小小的茅舍。近处麦田那嫩绿的麦穗已经抽齐，在微风中摆动时像小孩子那样摇头晃脑、娇憨可爱。此时桑树上的叶子长得正肥，养蚕正好。对于农家来说，他们盼望的是今年有个好收成。你看人们满心高兴，是因为能有个丰收年景，至于田园美景和时节的美好，忙碌的农妇是无暇欣赏的。你看，棠梨树已经枝茂叶密，飞莺啼鸣；石榴花红似火，山鸟婉转欢唱。这样的初夏美景，这样诗情画意，这样的田园之乐，谁能领略？谁能欣赏？只有诗人自己。田园之乐令人神往，但诗人觉得遗憾的是，自己归隐得太晚了，早年就应该归隐田园，尽享田园之乐的，可是看看现在，岁月蹉跎，已经衰老了。

　　小满，是一年中最佳的季节；小满，也是人生最佳的状态。满，但不是太满；盛，但不是极盛。季节不可能停留在小满，它必将走进酷热的夏季。走进叶落霜飞的深秋，再走进肃杀的严冬。但人生的状态，可以尽力保持在"小满"的状态，这样，会一直有满足感和幸福感。

乡村四月

（宋）翁卷

绿遍山原白满川，子规声里雨如烟。

乡村四月闲人少，才了蚕桑又插田。

赏析

这首诗以白描手法写江南农村的景象，前两句着重写景：绿原、白川、子规、烟雨，寥寥几笔就把水乡初夏时特有的景色勾勒了出来。后两句写人，画面上主要突出在水田插秧的农民形象，从而衬托出"乡村四月"劳动的紧张繁忙。前呼后应，交织成一幅色彩鲜明的图画。

四月的江南，山坡是绿的，原野是绿的，绿的树，绿的草，绿的禾苗，展现在诗人眼前的，是一个绿色弥漫的世界。在绿色的原野上河渠纵横交错，一道道白茫茫的流淌着；那一片片放满水的稻田，也像是白茫茫的川流。举目望去，绿油油的禾田，白茫茫的水，全都笼罩在淡淡的烟雾之中。那是如烟似雾的蒙蒙细雨，不时有几声布谷鸟的呼唤从远远近近的树上传来。诗的前两句描写初夏时节江南大地的景色，眼界是广阔的，笔触是细腻的；色调是鲜明的，意境是朦胧的；静动结合，有色有声。"子规声里雨如烟"，如烟似雾的细雨好像是被子规的鸣叫唤来的，尤其富有意境。后两句歌咏江南初夏的繁忙农事，采桑养蚕和插稻秧，是关系着衣和食的两大农事，现在正是忙季，家家户户都在忙碌不停。有人运苗，有人插秧；有人是先蚕桑后插田，勾画出乡村四月农家的忙碌气氛。

"黄梅时节家家雨，青草池塘处处蛙。有约不来过夜半，闲敲棋子落灯花。"吉祥很喜欢这首诗的意境，悠闲而浪漫。但是，真正到了诗中的季节，却又有点苦不堪言了。梅雨时节，却也是一个"霉雨"时节，到处湿乎乎的，令吉祥并不开心，因此爸爸常常笑话吉祥是"叶公好龙"。

吉祥看了下日历，一年的日历已经被翻过三分之一，"芒种"，这是第九个节气。

"爸爸，芒种是什么意思？为什么不是'繁忙'的'忙'呢？"

"芒种的'芒'，表示有芒的麦子快收，有芒的稻子快种。大麦、小麦等有芒的粮食已经成熟，要抓紧时间开始抢收了。当然，它也有'繁忙'的意思，这个时候正是农忙时期。"

芒种

二／十／四／节／气

芒种简介

二十四节气·夏

《四时田园杂兴》·范成大

梅子金黄杏子肥

麦花雪白菜花稀

日长篱落无人过

唯有蜻蜓蛱蝶飞

　　芒种是二十四节气中的第九个节气，是夏季的第三个节气，表示仲夏时节的正式开始，时间在公历每年6月6日前后。这时最适合播种有芒的谷类作物，如晚谷、黍、稷等。农事种作都以这一时节为界，过了这一节气，农作物的成活率就越来越低。同时，"芒"指有芒作物如小麦、大麦等，"种"指种子。芒种即表明小麦等有芒作物成熟。芒种字面的意思是"有芒的麦子快收，有芒的稻子可种"，实际上，"芒种"也是"忙种"。进入农忙时期，时间突然就紧张起来，一切都忙忙碌碌的。天上烈日炎炎，地里的人们也忙得热火朝天。孩子们也在忙，这时正是高考前后的几天，这真是个热闹又收获的节气。芒种时节天气炎热，我国长江中下游地区将进入多雨的梅雨季节。

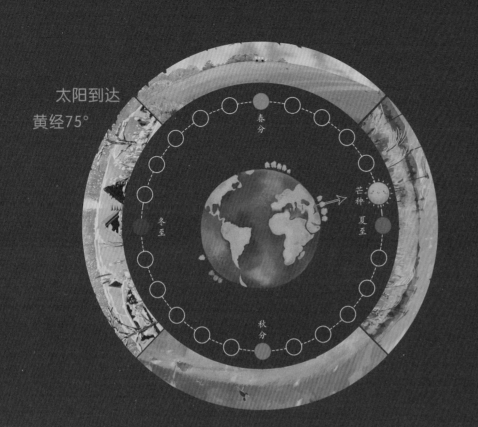

太阳到达
黄经75°

春分

冬至

芒种

夏至

秋分

天文气候

芒种时节雨量充沛，气温显著升高，容易引起一些天气灾害，如龙卷风、冰雹、大风、暴雨、干旱等。除了青藏高原和黑龙江最北部的一些地区还没有真正进入夏季以外，我国大部分地区，一般来说都能够体验到夏天的炎热。

芒种前后，我国中部的长江中、下游地区，雨量增多，气温升高，出现连绵的阴雨天气。由于这时候正是江南梅子的成熟期，所以被称为"梅雨"，这个时间段便叫做"梅雨季节"。进入梅雨季节，空气非常潮湿，天气异常闷热，各种器具和衣物都容易发霉，所以在我国长江中下游地区又叫"黄梅天"，也有人把梅雨写成同音的"霉雨"。

六月份，无论是南方还是北方，都有出现35℃以上高温天气的可能，但一般不是持续性的高温。华南的台湾、海南、福建、两广等地，六月的一天平均气温都在28℃左右，如果是在雷雨之前，空气湿度大，确实是又闷又热。

芒种三候

一候 螳螂生

螳螂在上一年深秋产的卵，经过寒冷的冬天和料峭的春天，因为感受到阴气初生而破壳生出了小螳螂。

二候 鵙[jú]始鸣

鵙是一种鸟，名叫伯劳，传说它夏天鸣叫，冬天就不再叫了。此时，喜阴的伯劳鸟开始在枝头出现，并且感到阴气而鸣叫。

三候 反舌无声

反舌鸟又叫百舌鸟，它能学习其它鸟鸣叫，所以称为百舌鸟。它与伯劳鸟相反，因感应到了阴气的出现而停止了鸣叫。

芒种一到，气温升高，群芳摇落，花神退位。《红楼梦》中记载了大观园中姑娘们在此时为花神饯行的场景，感谢她带来美丽。有聚有散，明年再会，真是一幅浪漫的场景。

玉簪花：其花冰姿雪魄，又有袅袅绿云般的叶丛相衬，雅致动人，芳香阵阵，真是"瑶池仙子宴流霞，醉里遗簪幻作花"。

茉莉花："虽无艳态惊群目，幸有清香压九秋。"茉莉花朵小而精致，绿叶丛中朵朵洁白点缀其间，再加上它的香气清雅迷人，芬芳四溢，似乎炎热的夏日都被这香气熏得醉了。

青蛙鸣："黄梅时节家家雨，青草池塘处处蛙。"雨后的蛙鸣似乎让空气更湿润了。特别是在夜晚，趁着夜幕的掩盖，蛙鸣声此起彼伏，仿佛是一支乐队，分布在四周，合奏一曲夏夜的歌。

　　芒种至夏至这半个月是秋熟作物播种、移栽、苗期管理和全面进入夏收、夏种、夏管的"三夏"大忙高潮。大麦、小麦等有芒作物种子已经成熟,抢收十分急迫,晚谷、黍、稷等夏播作物也正是播种最忙的季节。春争日,夏争时,"争时"即指这个时节的收种农忙比春天更紧迫。

　　所以,"芒种"也称为"忙种""忙着种",是农民播种、下地最为繁忙的时机。

　　"芒种忙两头,忙收又忙种""麦收如救火""麦收如战场",这些农谚形象地说明了麦收季节的紧张气氛,农民必须抓紧一切有利时机,抢割、抢运、抢脱粒。否则遇上阴雨天以及大风、冰雹等灾害,往往会使小麦无法及时收割、脱粒和贮藏,到手的庄稼毁于一旦,粮食都收不成了。这是一个农场如战场的时节,农民们在争分夺秒地工作。

芒种是农忙季节，在山西荣河开始收获大、小麦，当地人称之为"农忙"。有谚语说："麦黄农忙，秀女出房。"因此在此节气，妇女也要下地帮助度过"农忙"。而在河北盐山则是在"忙种"这天有"嫁树"的习俗，就是用刀子在枣树上划几下，寓意可以多结果实。

送花神

农历二月二花朝节上迎花神。芒种已近五月间，百花开始凋残、零落，民间多在芒种日举行祭祀花神仪式，饯送花神归位，同时表达对花神的感激之情，盼望来年再次相会。

安苗

安苗是皖南地区的习俗活动，始于明初。每到芒种时节，种完水稻，为祈求秋天有个好收成，各地都要举行安苗祭祀活动。家家户户用新麦面蒸发包，把面捏成五谷六畜、瓜果蔬菜等形状，然后用蔬菜汁染上颜色，作为祭祀供品，祈求五谷丰登，家人平安。各村待最后一家农户稻秧栽插完后，便由族长出示"安苗贴"昭示安苗日期，各村"安苗"不同日，由村主事根据本村家事进展而定。虽然各村做包不在同日，但在某村"安苗"之日内，不仅本村人可随意走家串户品尝安苗包，外村人也可进村入户同亨口福，其乐融融，充满了节日气氛。

打泥巴仗

　　贵州东南部一带的侗[dòng]族青年男女，每年芒种前后都要举办打泥巴仗节。当天，新婚夫妇由要好的男女青年陪同，集体插秧，边插秧边打闹，互扔泥巴。活动结束，检查战果，身上泥巴最多的，就是最受欢迎的人。他们正是用这样一种调皮有趣的方式，缓解农忙时的紧张，让生活充满欢笑。

煮梅

　　在南方，每年五、六月是梅子成熟的季节，三国时有"青梅煮酒论英雄"的典故。青梅含有多种天然优质有机酸和丰富的矿物质，具有净血、整肠、降血脂、消除疲劳、调节酸碱平衡、增强人体免疫力等独特营养保健功能。但是，新鲜梅子大多味道酸涩，难以直接入口，需加工后方可食用，这种加工过程便是煮梅。芒种节气，正是南方收获青梅并加工煮梅的时候。

芒种忙，麦上场。

芒种芒种，连收带种。

麦到芒种谷到秋，豆子寒露用镰钩，
骑着霜降收芋头。

芒种前后麦上场，男女老少昼夜忙。

芒种黍子夏至麻。

芒种谷，赛过虎。

芒种不种高山谷，过了芒种谷不熟。

芒种插秧谷满尖，夏至插的结半边。

芒种打火（掌灯）夜插秧，
抢好火色多打粮。

栽秧割麦两头忙，芒种打火夜插秧。

芒种有雨豌豆收，夏至有雨豌豆丢。

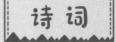

诗 词

四时田园杂兴（其二）

（宋）范成大

梅子金黄杏子肥，麦花雪白菜花稀。

日长篱落无人过，唯有蜻蜓蛱蝶飞。

赏析

这首诗选自范成大《四时田园杂兴》中的"夏日"，诗中景物描写清新优美。一树树梅子变得金黄，杏子也越长越大了；荞麦花一片雪白，油菜花倒显得稀稀落落。白天长了，篱笆的影子随着太阳的升高变得越来越短，没有人经过，只有蜻蜓和蝴蝶绕着篱笆飞来飞去。

诗的前两句选用了几种农作物，充分运用色彩描写与情态刻画，准确地写出了乡间草木茂盛，农作物生机勃勃的美丽景致。三、四句则写由于农民忙于耕种，连篱笆前都少有人经过，只有蜻蜓、蛱蝶等飞来飞去，完全是一派优美平和的田园风光，宁静安详。整首诗给人一种欣欣向荣、阳光明媚的感觉。

闲居初夏午睡起

（南宋）杨万里

梅子留酸软齿牙，

芭蕉分绿上窗纱。

日长睡起无情思，

闲看儿童捉柳花。

赏析

梅子味道酸，吃过之后，余酸还残留在牙齿之间，好像牙齿都被酸得软了；"芭蕉分绿"是指芭蕉的绿色映照在纱窗上。芭蕉初长，绿阴投射到纱窗上。春去夏来，日长人倦，午睡后起来，情绪无聊，闲着无事观看儿童捕捉空中飘飞的柳絮。

这首诗写芭蕉分绿，柳花戏舞，诗人情怀也同景物一样清新闲适，童趣横生。儿童捉柳花，柳花好像也有了无限童心，在风中与孩童们捉迷藏。不时有笑声漾起，把诗人从睡梦中叫醒。前两句点明夏季，后两句表明夏日昼长，百无聊赖之意。这首诗选用了梅子、芭蕉、柳花等物象来表现夏这一时令特点。诗人闲居乡村，夏日午睡后，悠闲地看着儿童扑捉戏玩空中飘飞的柳絮，心情舒畅。诗中用"软"字，表现出他的闲散的意态；"分"字也很传神，意蕴深厚而不粘滞；尤其是"闲"字，淋漓尽致地表现出诗人心中那份恬静闲适和对乡村生活的喜爱之情。

"黑云塞空万马屯，转盼白雨如倾盆。"夏日的暴雨转瞬即至，倾盆而下，为炎热的天气带来一阵凉爽。

　　"爸爸，'至'是'到'的意思，那'夏至'是不是就是表示夏天到了？"

　　"从夏至这天起，夜空的星象逐渐变成夏季星空，从这个角度看，夏至确实代表着夏天的开始。但是，中国传统上是以'四立'作为春夏秋冬的开始的，'至'在这里，有'极、最'的意思，夏至是一年中正午太阳高度最高的一天。至于'夏至'的具体含义，你要多看一些书哟！"

　　夏至，《三礼义宗》中解释其三义：一以明阳气之至极，二以明阴气之始至，三以明日行之北至。这里讲了夏至有三个特点：第一是这一天日照时间最长，所以是阳气登峰造极的时候；第二是既然阳气已经到了最大的尽头，阴气也就开始要来了；第三是这一天是太阳直射北回归线的日子，也是太阳照到北半球最北边的一天。

夏至

二／十／四／节／气

SUMMER
SOLSTICE ❀

夏至
简介

二十四节气·夏

《竹枝词》·刘禹锡

杨柳青青江水平

闻郎江上唱歌声

东边日出西边雨

道是无晴却有晴

　　夏至是二十四节气中的第十个节气，在每年公历6月21日或22日，这时太阳直射地面的位置到达一年的最北端，几乎直射北回归线，中午太阳最高。这一天是北半球白昼最长、黑夜最短的一天，从这一天起，进入炎热时节，天地万物在此时生长最旺盛。所以古时候又把这一天叫做日北至，意思是太阳运行到最北的一天。过了夏至，太阳逐渐向南移动，北半球白昼一天比一天缩短，黑夜一天比一天加长。

　　夏至是二十四节气中最早被确定的一个节气。公元前七世纪，古人用土圭量日影，夏至这一天，日影最短。夏至古时又称"夏节""夏至节"。古时夏至日，人们通过祭神以祈求灾消年丰。周代夏至祭神，意为清除荒年，饥饿与死亡。《史记·封禅书》记载："夏至日，祭地，皆用乐舞。"夏至作为古代节日，是要以载歌载舞的方式来祭祀的，而在宋朝，从夏至这天开始，百官放假三天，足见古人对这个节气的重视。

39

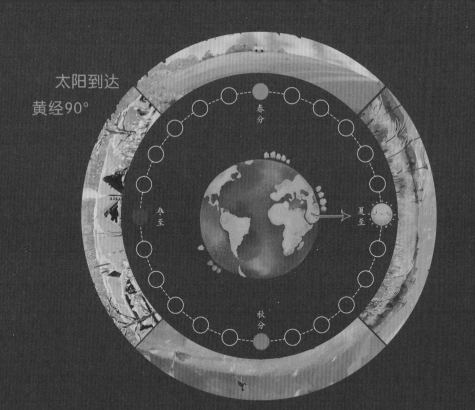

太阳到达
黄经90°

春分

冬至

夏至

秋分

天文气候

　　我国民间把夏至后的15天分成"三时"，一般头时3天，中时5天，末时7天。"不过夏至不热"，"夏至三庚数头伏"。天文学上规定夏至为北半球夏季开始，但是地表接收的太阳辐射热仍比地面反辐射放出的热量多，气温继续升高，故夏至日不是一年中天气最热的时节。大约再过二三十天，才是最热的天气。

　　夏至以后地面受热强烈，空气对流旺盛，午后至傍晚常易形成雷阵雨。这种热雷雨骤来疾去，降雨范围小，人们称"夏雨隔田坎"。唐代诗人刘禹锡曾巧妙地借喻这种天气，写出"东边日出西边雨，道是无晴却有晴"的著名诗句。但是，对流天气带来的强降水，却不像诗中描写的那么美丽，而是常常带来局部的灾害，影响人们的农业生产。这时，华南西部雨水量显著增加，使入春以来华南雨量东多西少的分布形势逐渐转变为西多东少，如果华南西部有夏旱，一般此时可望缓解。

　　夏至这天太阳直射地面的位置到达一年的最北端，几乎直射北回归线，即北纬23°27'，北半球的白昼达到最长，而且越往北越长。比如，海南海口市这天的白天约13小时多一点，杭州市为14小时，北京约15小时，而黑龙江的漠河则达到17小时左右。

一候 鹿角解

　　麋与鹿虽然是同科，但古人认为，二者一个属阴性，一个属阳性。鹿的角朝前生，所以属阳性。夏至日是阳气至盛而始衰的时候，因此用阳性的鹿角开始脱落来表明阳气开始衰落。而麋因为是阴性，所以是在冬至日角开始脱落，正好与鹿相反。

二候 蝉始鸣

　　雄蝉腹部有发音器，能连续不断发出尖锐的声音，雌蝉不发声。雄性的知了在夏至后因感到阴气之生便开始鼓翼而鸣。

三候 半夏生

　　半夏是一种喜阴的药草，因长在仲夏的沼泽地或水田中而得名。在炎热的夏至后，一些喜阴的生物开始出现，而阳性的生物却开始衰退了。

41

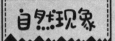

自然现象

　　蝉鸣：蝉是夏天最具有代表性的动物，夏天的燥热里，往往夹杂着"知了——知了——"的叫声。午后太阳烤着的地方一片沉寂，蝉躲在树枝上，一声一声地叫着，"蝉噪林逾静"。如果是夜晚，那么就有"明月别枝惊鹊，清风半夜鸣蝉"。夏夜一路行来，有清风、明月、疏星、微雨，也有鹊声、蝉声，这是一幅充满着农村生活气息的夏夜素描。

　　这个季节的天空就像有一只魔术手，翻手为云覆手为雨，彩虹常常在不经意间斜跨天际。在角落里能发现一棵掌叶大的半夏，蜀葵花虽然还是红红火火一大片，但明显变成了更深的红，也有果实已经成熟的。木槿花开得很美，远远的一片，西红柿、黄瓜和南瓜都在开花，茄子的小紫花低垂着，豆角的花也是紫色，精致而俏皮。这时的合欢花就没那么精神了，一夜小雨后，路边的地上落满了合欢花，黏塔塔的，失去了往日的颜色。

　　这期间我国大部分地区气温较高，日照充足，作物生长很快，所以需要大量的水份来支持成长。此时的降水对农业产量影响很大，有"夏至雨点值千金"的说法，此时的江南地区仍处于梅雨季节。

　　夏至后进入伏天，不仅农作物生长旺盛，杂草、害虫也迅速滋长蔓延，这就需要加强田间管理。各种农田杂草和庄稼一样生长很快，与作物争水争肥争阳光，而且是多种病菌和害虫的寄主，因此农谚说："夏至不锄根边草，如同养下毒蛇咬""夏至进入伏天里，耕地赛过水浇园""进入夏至六月天，黄金季节要抢先"。这时候北方的冬小麦灌浆成熟，人们开始开镰收割，用汗水迎接着丰收。

　　夏至节气之后，由于受副热带高压控制，华南东部地区有时出现伏旱。为了增强抗旱能力，夺取农业丰收成果，在这些地区，抢蓄伏前雨水是一项重要措施。 夏至以后空气对流旺盛，午后到傍晚常容易形成雷阵雨，这种热雷雨骤来疾去，降雨范围小，人们称"夏雨隔田坎"。

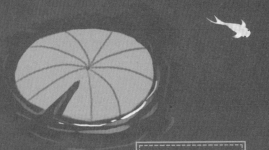

夏至面

"冬至饺子夏至面"，会吃的北京人在夏至这天讲究吃面。按照老北京的风俗习惯，每年一到夏至节气就可以敞开吃生菜和凉面了，因为这个时候气候炎热，吃些生冷食物可以降火开胃，又不至于因寒凉而损害健康。夏至这天，北京各家面馆人气很旺，无论是四川凉面、担担面、红烧牛肉面还是炸酱面等，各种面条广受欢迎。

夏至这天山东各地普遍要吃凉面条，俗称过水面，也有"冬至饺子夏至面"的习俗。山东还有的地方，在夏至煮新麦粒吃，儿童们用麦秸编一个精致的小笊篱，在汤水中一次一次地向嘴里捞，既吃了麦粒，又是一种游戏，很有农家生活的情趣。

做夏至

旧时，在浙江绍兴地区，人们不分贫富，夏至日皆祭其祖，俗称"做夏至"，除常规供品外，特意加一盘蒲丝饼。绍兴地区的龙舟竞渡活动，从明清以来大多不在端午节，而是在夏至，这个风俗至今尚存。

吃馄饨

夏至这天，无锡人早晨吃麦粥，中午吃馄饨，取混沌和合之意。有谚语说："夏至馄饨冬至团，四季安康人团圆。"吃过馄饨，为孩童称体重，希望孩童体重增加，身体更健康。

看北极光

黑龙江的漠河县是中国纬度最高的县，由于纬度高，使漠河地区在夏季产生极昼现象，时常有北极光出现，因此人们称漠河县为"中国的不夜城""极光城"。每当夏至到来，便有数万人到北极村欢度夏至节，这一天漠河的白天能长达17个小时以上。

节气民谚

夏至东风摇，麦子水里捞。

夏至东南风，平地把船撑。

冬至始打霜，夏至干长江。

夏至东风摇，麦子坐水牢。

初头夏至十头割，十头夏至两头割，
两头夏至骑拉着割。

夏至有雨三伏热，重阳无雨一冬晴。

夏至食个荔，一年都无弊。

芒种栽秧日管日，夏至栽秧时管时。

夏至伏天到，中耕很重要，
伏里锄一遍，赛过水浇园。

日长长到夏至，日短短到冬至。

夏至风从西边起，瓜菜园中受熬煎。

夏至落雨十八落，一天要落七八砣。

夏至三庚数头伏。

夏至有雷三伏热。

诗 词

竹枝词

（唐）刘禹锡

杨柳青青江水平，闻郎江上唱歌声。

东边日出西边雨，道是无晴却有晴。

赏析

首句"杨柳青青江水平"，描写少女眼前所见景物。杨柳，最容易引起人的情思，于是很自然地引出了第二句"闻郎江上唱歌声"。这一句是叙事，写这位少女在听到情郎的歌声时，心潮起伏难平。最后两句"东边日出西边雨，道是无晴却有晴"，是一个巧妙的隐喻，用的是一语双关的手法。"东边日出"是"有晴"，"西边雨"是"无晴"。"晴"与"情"谐音，"有晴""无晴"是"有情""无情"的隐语。"东边日出西边雨"，表面是"有晴""无晴"的说明，实际上却是"有情""无情"的比喻。这使这个少女听了，真是感到难以捉摸，心情忐忑不安。这两句既写了江上阵雨天气，又把这个少女的迷惑、眷恋和希望一系列的心理活动巧妙地描绘出来。

用谐音双关语来表达思想感情，是我国从古代到现代民歌中常用的一种表现手法。这首诗用正是善用此法来表达爱情，既含蓄，又不俗，音节和谐，颇有民歌风情，但写得比一般民歌更细腻，更优雅。因此历来为人们所喜爱传诵。

晓出净慈寺送林子方

（南宋）杨万里

毕竟西湖六月中，

风光不与四时同。

接天莲叶无穷碧，

映日荷花别样红。

赏析

　　这是一首描写杭州西湖六月美丽景色的诗。全诗通过对西湖美景的赞美，婉转地表达对友人深情的眷恋。

　　六月里西湖的风光景色到底和其他时节的不一样：那密密层层的荷叶铺展开去，与蓝天相连接，一片无边无际的青翠碧绿；亭亭玉立的荷花绽蕾盛开，在阳光辉映下，显得格外的鲜艳娇红。

　　诗人开篇即说毕竟六月的西湖，风光不与四时相同，这两句质朴无华的诗句，说明六月西湖与其他季节不同的风光，是值得留恋的。突出了六月西湖风光的独特、非同一般，给人以丰富美好的想象。然后，诗人用充满强烈色彩对比的句子，给读者描绘出一幅大红大绿、精彩绝艳的画面："接天莲叶无穷碧，映日荷花别样红。"这两句具体地描绘了"毕竟"不同的风景图画：随着湖面而伸展到尽头的荷叶与蓝天融合在一起，造成了"无穷"的艺术空间，涂染出无边无际的碧色；在这一片碧色的背景上，又点染出阳光映照下的朵朵荷花，红得那么娇艳明丽。连天"无穷碧"的荷叶和映日"别样红"的荷花，不仅是春、秋、冬三季所见不到，就是夏季也只在六月中荷花最旺盛的时期才能看到。诗人抓住了这盛夏时特有的景物，看似平淡的笔墨，给读者展现了令人回味的艺术意境。

连绵月余的梅雨季节悄然离去，阵地倏然之间就被暑风攻占。

暑假到了，外面热浪滚滚，吉祥天天躲在有空调的屋子里，温度高时更爱吃西瓜了。正是"小暑啜瓜瓢，粗葛衣裳，炎蒸窗牖[yǒu]气初刚"。

吉祥看着窗外被骄阳烤过的大地，已经觉得快热得受不了了，然而日历提醒人们才到了小暑节气，还要熬过更热的大暑呢。

爸爸知道吉祥的心思，就说："'小暑热得透，大暑凉悠悠。小暑凉飕飕，大暑热熬熬。'小暑和大暑的热不是一定的。今年小暑就热成这样，说不定大暑就没有那么热了呢！"

小暑

二/十/四/节/气

小暑简介

SLIGHT HEAT ❄

二十四节气·夏

　　小暑是二十四节气中的第十一个节气，也是干支历午月的结束以及未月的起始，在公历每年7月7日或8日。暑，是炎热的意思，一般来说，小暑为小热，还不十分热，意指天气开始炎热，但还没到最热，我国大部分地区基本符合，但经常有年份或地区最高气温出现在小暑节气里。

　　小暑过后不久一般就入伏。"伏"指"伏天"，表示阴气受阳气所迫藏伏在地下的意思。每年有三个伏天，每个伏有十天，三伏共三十天，是一年中最热的时候。

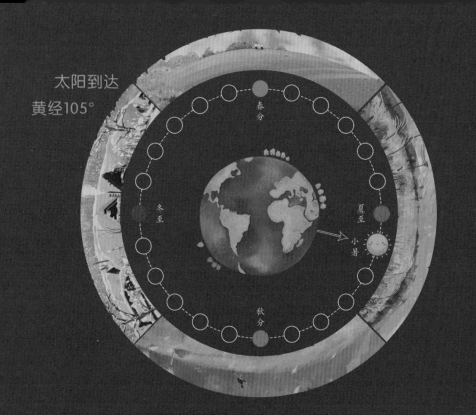

太阳到达
黄经105°

春分

冬至

夏至

小暑

秋分

天文气候

　　小暑节气后，江淮流域梅雨季节先后结束，盛夏开始，气温升高，并进入伏旱期；华北、东北地区进入多雨季节，降水明显增加，且雨量比较集中；华南、西南、青藏高原也处于来自印度洋和我国南海的西南季风雨季中；而长江中下游地区则是被副热带高压控制下的高温少雨天气。

　　小暑前后，中国南方大部分地区各地进入雷暴最多的季节。雷暴是一种剧烈的天气现象，常与大风、暴雨相伴出现，有时还有冰雹，容易造成灾害。华南东部，小暑以后因常受副热带高压控制，多连晴高温天气，开始进入伏旱期。中国南方大部分地区在此时有东旱西涝的气候特点。

　　此时，南方地区平均气温一般在33℃左右；华南东南低海拔河谷地区，7月中旬开始出现日平均气温高于30℃，日最高气温高于35℃。而在西北高原北部，此时仍可见霜雪，相当于华南初春时节景象。中国幅员辽阔，因而景象各异。

一候 温风至

温风指的是热风。温风至时，风吹到脸上都是热乎乎的，天地如同一个大蒸笼，把人蒸出一身汗水，再难有凉爽感。

二候 蟋蟀居宇

蟋蟀生而在洞穴中，每年到了伏天才出穴，活跃在草丛中求偶，由于炎热，蟋蟀离开了田野，到庭院的墙角阴凉下避暑热。

三候 鹰始鸷

小暑时节，大地上便不再有一丝凉风，风中都带着热浪，老鹰因地面气温太高而在清凉的高空中活动。

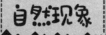

炎天暑日，花草树木有的喝足了水分，生机勃勃，顶着烈日绽放；有的无精打采，垂头丧气，蔫了枝叶。地上的蟋蟀出现了，它们在居宇打洞，营建清凉的住处。天上的雄鹰因为不耐炎热，飞往高空寻找清凉，躲避高温。只有蝉还是像往常一样声声叫着，夏日的蝉鸣是为烈日助阵，给人们添了一点心浮气躁的情绪。

诗人顾城写过一首关于蝉声的小诗：

蝉声你像尖微的唱针，

在迟缓麻木的记忆上，划出细纹。

一组遥远的知觉，

就这样，缠绕起我的心。

最初的哭喊，和最后的讯问，

一样，没有回音。

　　小暑前后，东北与西北地区忙着收割冬、春小麦等作物，大部分地区农业生产上主要是忙于田间管理。早稻处于灌浆后期，早熟的品种要在大暑前成熟收获，中稻已拔节，进入孕穗期，得根据长势追施穗肥，促穗大粒多。"小暑天气热，棉花整枝不停歇。"大部分棉区的棉花开始开花结铃，生长最为旺盛，在重施花铃肥的同时，要及时整枝、打杈、去老叶，协调植株体内养分分配，增强通风透光，减少蕾铃脱落。盛夏高温是蚜虫、红蜘蛛等多种害虫盛发的季节，适时防治病虫不能松懈。

　　农民还需要预防一些气象灾害的发生。北方地区降水多而且集中，需要防涝；长江中下游地区则一般为副热带高压控制下的高温少雨天气，常常出现的伏旱对农业生产影响很大。

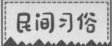

食新

民间有小暑"食新"习俗，即在小暑过后尝新米。客家人在早稻开镰后，把所收的新米做成米饭，在开餐时先敬奉五谷大神和先辈。酿成新酒备上肉蛋和新上市的苦瓜、丝瓜、茄子，物品摆放在五谷大神位上敬奉时，在烧香点烛后要念："请五谷大神食新，多谢五谷大神恩泽五谷丰登，保佑一家顺劲，身体强健，紧做紧有来。"待香火成灰后，便烧上衣纸。然后把干饭酒肉菜摆放在自己的饭桌上，念上"请先祖(上辈)们尝尝新"，并用双手拜上三拜，之后再与亲朋好友们一起享用新米佳肴。

封斋

湘西苗族的封斋日在每年小暑前的辰日到小暑后的巳日这段时期，禁食鸡、鸭、鱼、鳖、蟹等物。据说误食了要招灾祸。

吃伏面

入伏之时，刚好是我国小麦生产区麦收不足一个月的时候，家家麦满仓，而到了伏天人们精神萎靡，食欲不佳，饺子却是传统食品中开胃解馋的佳品，所以人们用新磨的面包饺子，或者吃顿新白面做的面条，就有了"头伏饺子二伏面，三伏烙饼摊鸡蛋"的说法。伏天还可吃过水面、炒面。过水面，就是将面条煮熟用凉水过出，拌上蒜泥，浇上卤汁，不仅味道鲜美，而且可以"败心火"。

舐牛

山东临沂地区有给牛改善饮食的习俗。伏日煮麦仁汤给牛喝，据说牛喝了身子壮，能干活，不淌汗。民谣还说："春牛鞭，舐牛汉，麦仁汤，舐牛饭，舐牛喝了不淌汗，熬到六月再一遍。"

捕黑鲷

小暑时节是台湾第二期稻作秧苗期，第一期稻作黄熟的时候，也是丝瓜、苦瓜、黄瓜、冬瓜的盛产期。台湾周围的海域属于温水海域，也是温水鱼群的群聚时期。基隆北方外海的淡水海域可捕获黑鲷，黑鲷喜欢在岩礁和沙泥底质的清水环境中生活。

蜜汁藕

民间有小暑吃藕的习惯，藕中含有大量的碳水化合物及丰富的钙、磷、铁和多种维生素，及膳食纤维，具有清热养血除烦等功效，适合夏天食用。鲜藕以小火煨烂，切片后加适量蜂蜜，可随意食用，有安神助睡眠的功效，还可治血虚失眠。

晒伏

"六月六"相传这是龙宫晒龙袍的日子。因为这一天，差不多是在小暑的前夕，为一年中气温最高，阳光辐射最强的日子，所以家家户户会不约而同地选择这一天"晒伏"，就是把存放在箱柜里的衣服晾到外面接受阳光的暴晒，以去潮、去湿、防霉防蛀。

伏日祭祀

古人说，伏是"隐伏避盛暑"的意思。伏日祭祀，远在先秦时期已有记载。古书上说，伏日所祭，"其帝炎帝，其神祝融"。炎帝传说是太阳神，祝融则是炎帝玄孙火神。传说炎帝叫太阳发出足够的光和热，使五谷孕育生长，从此人类不愁衣食。人们感谢他的功德，便在最热的时候纪念他。因此就有了"伏日祭祀"的传说。

大暑小暑，上蒸下煮。

小暑小禾黄。

小暑温暾[tūn]大暑热。

小暑过，一日热三分。

小暑南风，大暑旱。

小暑打雷，大暑破圩。

小暑惊东风，大暑惊红霞。

雨打小暑头，四十五天不用牛。

小暑热得透，大暑凉悠悠。

小暑凉飕飕，大暑热熬熬。

小暑过热，九月早冷。

小暑热过头，九月早寒流。

小暑热过头，秋天冷得早。

小暑大暑不热，小寒大寒不冷。

小暑不见日头，大暑晒开石头。

小暑大暑不热，小寒大寒不冷。

小暑吃黍，大暑吃谷。

小暑怕东风，大暑怕红霞。

小暑雨如银，大暑雨如金。

小暑一声雷，倒转做黄梅。

小暑天气热，棉花整枝不停歇。

小暑六月节

（唐）元稹

倏忽温风至，因循小暑来。

竹喧先觉雨，山暗已闻雷。

户牖深青霭，阶庭长绿苔。

鹰鹯[zhān]新习学，蟋蟀莫相催。

赏析

　　这首诗写于小暑节气。温热的夏风突然来到，原来它是追随着小暑的脚步而来的。竹林被风吹动的声音预示着即将落下的大雨，山色昏暗得仿佛已经响起惊雷。由于夏季的雨水颇多，门窗和庭院台阶都长满了幽幽青苔。苍鹰感受到阴雨天气，忙着练习搏击长空，而蟋蟀在田野上则感受到肃杀之气。整首诗没有用过多的描写手法，只是细致描绘了小暑时节具有特点的景物，给人以清新自然之感。

纳凉

（北宋）秦观

携杖来追柳外凉，

画桥南畔倚胡床。

月明船笛参差起，

风定池莲自在香。

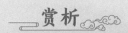
赏析

　　这是一首写夏日乘凉的诗，诗人心境悠然，气定神闲。第一句连用"携""来""追"三个动词，把诗人携杖出户后的动作，分出层次加以表现。次句具体指出了柳外纳凉地方的方位和临时的布置，这是一个绿柳成行，位于"画桥南畔"的佳处。诗人选好了目的地，安上胡床，依"倚"其上，尽情领略纳凉的况味。

　　一二两句写仔细寻觅纳凉胜地。三四两句则展开了对美妙景色的描绘：月明之夜，船家儿女吹着短笛，笛声参差而起，在水面萦绕不绝。晚风初定，池中莲花盛开，自在幽香不时散溢，沁人心脾。诗人闲倚胡床，怡神闭目，不只感官上得到满足，连心境也分外舒适。这两句采取了对偶句式，把纳凉时的具体感受艺术地组合起来，于是，一个纳凉胜地的自然景色，就活现在读者面前。

夏天的最后一个节气——大暑来临，空气中弥漫着滚烫的热浪。吉祥早已习惯了扑面而来的炎热，自己也分辨不出小暑和大暑哪个比较热了。

天热食欲差，妈妈做了面条给大家换换口味。面条里有很浓的姜味，吉祥问："妈妈，您常说姜性最热，这么热的天，为什么还要热上加热呢？"

妈妈说："冬吃萝卜夏吃姜，不用医生开药方。天热的时候人最容易贪凉，吃的瓜果都是寒凉的，所以需要吃姜调和。以前的人们还特意在三伏天的时候晒伏姜呢。大暑最热，过后立秋天就开始凉了，所以要在热的时候吃姜，把人体内的寒气带出去。"

大暑

二／十／四／节／气

GREAT HEAT ❊

大暑简介

二十四节气·夏

《夏夜追凉》· 杨万里

夜热依然午热同

开门小立月明中

竹深树密虫鸣处

时有微凉不是风

　　大暑是二十四节气中的第十二个，也是夏季的最后一个节气，在每年公历7月22-24日之间。大暑节气正值"三伏天"里的"中伏"前后，是一年中最炎热的时期，雷阵雨较多，在中国很多地区经常会出现40℃的高温天气。气温最高，农作物却生长最快，同时，很多地区的旱、涝、风灾等各种气象灾害也变得频繁。

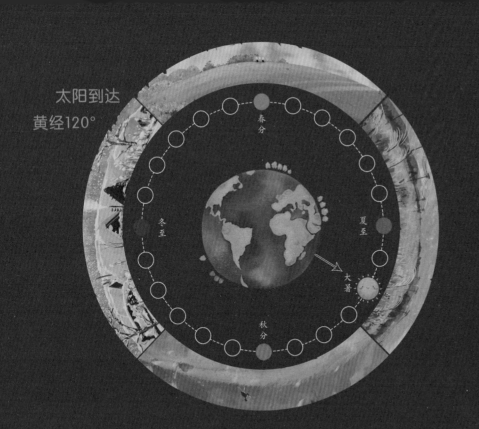

太阳到达
黄经120°

春分

冬至

夏至

大暑

秋分

一般说来，大暑节气是华南一年中日照最多、气温最高的时期，是华南西部雨水最丰沛、雷暴最常见、30℃以上高温日数最集中的时期，也是华南东部35℃以上高温出现最频繁的时期。有谚语说："东闪无半滴，西闪走不及。"意谓在夏天午后，闪电如果出现在东方，雨不会下到这里，若闪电在西方，则雨势很快就会到来，要想躲避都来不及。

大暑一般处在三伏里的中伏阶段，这时在我国大部分地区都处在一年中最热的阶段，而且全国各地温差也不大，刚好与谚语"冷在三九，热在中伏"相吻合。古书中说："大者，乃炎热之极也。"暑热程度从小到大，大暑之后便是立秋，正好符合了物极必反规律，可见大暑的炎热程度了。

"风如拔山怒，雨如决河倾。"诗人陆游形象地描述了台风袭来时的壮观景象。在热带气旋家族中，强热带风暴和台风的破坏力是不言而喻的。于是，它们理所当然地成为夏季气象灾害舞台上的主角。

小暑三候

一候 腐草为萤

世界上萤火虫约有二千多种，分水生与陆生两种。陆生的萤火虫产卵于枯草上；大暑时，萤火虫卵化而出，所以古人以为萤火虫是腐草变成的。

二候 土润溽暑

溽是湿的意思。土地的气息湿润，所以感觉像蒸笼一般，天气开始变得闷热，土地也很潮湿。

三候 大雨时行

时常有大的雷雨会出现，大雨使暑湿减弱，天气开始向凉爽过渡。

菱：菱是我国南方水乡特有的物产。菱花早就开过，这时候正是采菱角的时候。"菱角何纤纤，菱叶何田田。"夏日泛舟湖上，菱歌处处，水光山色，清凉消夏。

　　萤火虫："梦里有时身化鹤，人间无数草为萤。"萤火虫一般在夏夜出现，打着小灯笼，飞来飞去。天上繁星点点，地上也萤光闪闪，飞入人们的梦乡。

农事活动

　　大暑是一年中最热的时节，也是农作物生长最快，各地旱、涝、风灾最为频繁，抢收抢种、抗旱排涝等农业活动较为繁重的时节。

　　"禾到大暑日夜黄"，对我国种植双季稻的地区来说，一年中最紧张，最艰苦，头顶烈日战高温的"双抢"战斗已拉开了序幕。俗话说："早稻抢日，晚稻抢时。"又说："大暑不割禾，一天少一箩。"适时收获早稻，不仅可以减少后期风雨造成的危害，确保丰产丰收，而且还使晚稻适时栽种，争取足够的生长期。

　　"大暑天，三天不下干一砖。"酷暑盛夏，水分蒸发特别快，尤其是长江中下游地区正值伏旱期，旺盛生长的作物对水分的要求更为迫切，真是"小暑雨如银，大暑雨如金"。

67

大暑节气的民俗主要体现在吃的方面，这一时节的民间饮食习俗大致分为两种：一种是吃凉性食物消暑。如粤东南地区就流传着一句谚语：六月大暑吃仙草，活如神仙不会老。

与此相反的是，有些地方的人们习惯在大暑时节吃热性食物。湘中、湘北素有一种传统的进补方法，就是大暑吃童子鸡。湘东南还有在大暑吃姜的风俗，"冬吃萝卜夏吃姜，不需医生开药方"。

喝暑羊

山东南部地区有在大暑到来这一天"喝暑羊"，也就是喝羊肉汤的习俗。在山东枣庄，不少市民在大暑这天到当地的羊肉汤馆"喝暑羊"。

枣庄吃伏羊的习惯，与当地的农事、气候有关。枣庄是有名的麦产区。入伏之时，正是麦收结束，新面上市，是一个短暂的农闲期。夏收刚过，人正疲惫，该休息休息，享受享受，正好吃个新麦馍馍，喝羊肉汤，以庆祝收获后的喜悦。

送大暑船

送"大暑船"是浙江沿海地区，特别是台州很多渔村都有的民间传统习俗，意思是把"五圣"送出海。相传五圣为张元伯、刘元达、赵公明、史文业、钟仕贵等五位。人们用渔船将供品沿江送到椒江口外，为五圣享用，以表虔诚之心。江边还建有五圣庙，乡人有病向五圣祈祷，许以心愿，祈求驱病消灾，事后再去还愿。送"大暑船"时，往往伴有丰富多彩的民间文艺表演，以此祝福人们五谷丰登，生活安康。

台州椒江人还有在大暑节气吃姜汁调蛋的风俗，姜汁能去除体内湿气，姜汁调蛋"补人"，也有老年人喜欢吃鸡粥，滋补阳气。

过大暑

福建莆田人在大暑时节有吃荔枝、羊肉和米糟的习俗，叫做"过大暑"。荔枝含有葡萄糖和多种维生素，富有营养价值，所以吃鲜荔枝可以滋补身体。先将鲜荔枝浸于冷井水之中，大暑时刻一到便取出品尝。这一时刻吃荔枝，不但果实甘甜，还清爽滋补。于是，有人说大暑吃荔枝，其营养价值和吃人参一样高。

米糟是将米饭拌和白米曲让它发酵，透熟成糟；到大暑那天，把它划成一块块，加些红糖煮食，据说可以"大补元气"。在大暑到来那天，亲友之间，常以荔枝、羊肉为互赠的礼品。

吃仙草

广东很多地方在大暑时节有"吃仙草"的习俗。仙草又名凉粉草、仙人草，唇形科仙草属草本植物，是重要的药食两用植物资源。由于其神奇的消暑功效，被誉为"仙草"。茎叶晒干后可以做成烧仙草，广东一带叫凉粉，是一种消暑的甜品。

烧仙草本身也可入药。民谚："六月大暑吃仙草，活如神仙不会老。"烧仙草是台湾著名的小吃之一，有冷、热两种吃法，也是仙草奶茶当中的重要原料。烧仙草的外观和口味均类似粤港澳地区流行的另一种小吃——龟苓膏，也同样具有清热解毒的功效。

半年节

大暑期间，我国台湾有吃凤梨的习俗。凤梨俗称菠萝，民间百姓认为这个时节的凤梨最好吃。加上凤梨的闽南语发音和"旺来"相同，所以也被用来作为祈求平安吉祥、生意兴隆的象征。

另外，大暑前后就是农历六月十五日，台湾也叫"半年节"。由于农历六月十五日是全年的一半，所以在这一天拜完神明后全家会一起吃"半年圆"。半年圆是用糯米磨成粉再和上红面搓成的，大多会煮成甜食来品尝，象征意义是团圆与甜蜜。

节气民谣

禾到大暑日夜黄。

大暑不割禾，一天丢一箩。

大暑闻雷有秋旱。

大暑热，田头歇；
大暑凉，水满塘。

大暑热，秋后凉。

大暑热得慌，四个月无霜。

大暑不热，冬天不冷。

大暑不热要烂冬。

小暑雨如银，大暑雨如金。

大暑有雨多雨，秋水足；
大暑无雨少雨，吃水愁。

小暑不算热，大暑正伏天。

冷在三九，热在中伏。

大暑无酷热，五谷多不结。

诗 词

夏夜追凉

（南宋）杨万里

夜热依然午热同，开门小立月明中。

竹深树密虫鸣处，时有微凉不是风。

赏析

"追凉"，意即觅凉、取凉。该诗有着独特的着笔艺术：它撇开了暑热难耐的感受，而仅就"追凉"着墨，淡淡的几笔，给人们展现了一幅夏夜追凉图，皎洁的月光，浓密的树阴，婆娑的竹林，悦耳的虫吟，让人仿佛身临其境。

中午时分，烈日暴晒，是一天中最为酷热的时刻。此刻，"夜热"竟然与"午热"相仿，可见"夜热"的程度。"开门"，说明作者从屋里走出来。或许他本已就寝，而因夜里天热的缘故，辗转反侧难以入梦，迫于无奈才出门纳凉。而"明月"，则点出正值"月华皎洁"的夜晚。这样，作者"小立"的目的，应该说是既"追凉"又"赏月"，既让身体凉爽，也让精神惬意。第三句是对周围环境的点染：竹林深深，树阴密密，虫鸣唧唧。"竹深树密"，见其清幽；"虫鸣"，则见其静谧，唯有静谧，虫鸣之声才能清晰入耳。诗人置身其间，凉意顿生，于是又引出结句"时有微凉不是风"这一真切细微的体验。

桑茶坑道中

（南宋）杨万里

晴明风日雨干时，草满花堤水满溪。

童子柳阴眠正着，一牛吃过柳阴西。

赏析

　　这首诗描写的是刚下过一阵雨的情景。暖日和风，溪水盈盈，河岸上，草绿花红，柳荫浓密，渲染出明媚、和暖的氛围和生机无限的意境。

　　雨后晴天，阳光金灿灿的，微风清爽爽的，地面上的雨水已经蒸发得无影无踪，小溪里的流水却涨满河槽。溪水穿过碧绿的原野，奔向远方；夹岸丛生着繁茂的野草，盛开着绚丽的野花。堤岸旁的柳阴里，一位小牧童躺在草地上，睡梦正酣；那头老牛，却只管埋头吃自己的青草，越吃越远，直吃到柳林西面。

　　这首诗前两句写天气由雨而晴，地上由湿而干，溪水由浅而满，花草于风中摇曳，大自然充满了律动；第三句写出了牧童柳荫下酣睡的自然悠闲的"静"，加上第四句"一牛吃过柳阴西"的时动时静，形成了这首诗独特的生活情趣和原始朴素的美感。不过，赏心悦目的江南原野的夏日风光只是诗中人物的背景。"童子柳阴眠正着，一牛吃过柳阴西。"小牧童和他的牛才是这幅田野小景的画面主体。堤岸旁，柳阴下一位小牧童躺在鲜花盛开的草地上正酣睡呼呼地做他的美梦，那头老牛却只管埋头吃草，边吃边走，越吃越远，渐渐地吃到柳林西边去了。

　　欣赏这首小诗，你不但会醉心于江南原野自然景色的优美，还会深深领略到人和大自然之间的融洽和谐。在观赏小牧童在柳阴下酣然大睡，远望他的老牛吃到柳林西边的时候，不知不觉地，仿佛自己也置身画面之中了。